Die Beseitigung der Haftung des Rheders für Collisions-Schäden.

Von

Dr. jur. **C. Gütschow**

Secretär der Handelskammer zu Hamburg
und des Vereins Hamburger Rheder.

HAMBURG:
L. Friederichsen & Co.
(Inhaber: Dr. L. Friederichsen).
Geographischer und nautischer Verlag.
1902.

Inhalt.

Im Jahre 1897 wurde in Brüssel das »Comité maritime international« gegründet, um, gestützt auf seine nationalen Zweigvereine, u. a. auf den unter der Leitung des Präsidenten des Hanseatischen Oberlandesgerichts Herrn Dr. Sieveking stehenden deutschen »Verein für internationales Seerecht«, den Bestrebungen für die Fortbildung und Vereinheitlichung des privaten Seerechts eine feste Organisation zu geben. Als einen der wichtigsten Gegenstände, in welchem sich die Verschiedenheit der positiven Rechte in störendster Weise geltend macht, hat das Comité zunächst das Collisionsrecht und die mit ihm eng zusammenhängende Frage der Rhederhaftung in Angriff genommen und auf den Conferenzen zu Brüssel 1897, zu Antwerpen 1898, zu London 1899 und zu Paris 1900 zur Erörterung gestellt. Auf der letzten Conferenz wurde eine Commission gewählt, um die bisher gefassten Beschlüsse zusammenzustellen und der nächsten Conferenz, welche im Herbst dieses Jahres in Hamburg stattfinden wird, zur Genehmigung vorzulegen. Dieser Aufgabe hat die Commission entsprochen durch nachstehendes

Avant-projet du Traité relatif à un Droit uniforme sur les abordages.

Art. 1. Les Hautes Parties contractantes, désireuses de favoriser le développement d'un droit maritime uniforme, soumettront aux principes énoncés dans le présent traité le jugement de toutes actions introduites après la date des ratifications, devant leurs cours et tribunaux respectifs, à raison d'un abordage survenu soit entre navires de mer, soit entre un navire de mer et un bateau d'intérieur.

Art. 2. Si l'abordage est fortuit ou dû à un cas de force majeure, les dommages sont supportés sans recours par les intéressés qui les ont éprouvés.

Il en est de même s'il y a doute sur les causes de l'abordage.

Il n'est pas dérogé à ces règles pour le cas où l'un des navires était à l'ancre.

Art. 3. Si l'abordage a été causé par une faute unilatérale, tous les dommages sont supportés par le navire à bord duquel cette faute a été commise.

Art. 4. S'il y a faute commune, la responsabilité de chacun des navires est proportionnelle à la gravité de sa faute.

Tous les dommages causés soit aux navires, soit à leurs cargaisons, soit aux équipages ou aux passagers, sont répartis entre les navires, dans la même proportion, sans solidarité.

Le navire poursuivi en vertu du contrat de transport, pourra en justifiant de la faute de l'autre navire et du degré de celle-ci se déchanger à due concurrence de la responsabilité dont il se trouverait tenu d'après son contrat.

Art. 5. Les dommages-intérêts en matière d'abordage doivent constituer une réparation complète. Ils comprennent notamment, dans la mesure du préjudice réel éprouvé: le montant des dommages causés par l'abordage, les gains dont les personnes lésées se trouvent privées et les indemnités de chômage dues aux navires.

Art. 6. La circonstance que l'abordage a été amené par la faute d'un pilote dont l'emploi était obligatoire, ne fait pas obstacle à la responsabilité du navire, telle qu'elle est établie par les dispositions du présent traité.

Art. 7. Le navire de mer remorqué est responsable à l'égard des tiers du dommage résultant d'un abordage causé par la faute du remorqueur à son service. Cette responsabilité ne préjudicie pas au recours du navire remorqué contre le navire remorqueur en vertu du contrat de remorquage. Le remorqueur est en outre directement responsable de ses fautes à l'égard des parties lésées, conformément aux principes énoncés dans les articles précédents, mais il n'est pas solidaire des fautes du navire remorqué.

Art. 8. Est abrogée toute disposition subordonnant l'action pour abordage à un protêt ou à des formalités spéciales.

Art. 9. L'action du chef d'abordage se prescrit par deux ans à partir de l'évènement. Les lois particulières déterminent les causes d'interruption de cette prescription.

Le recours exercé par le capitaine pour compte de son armement suspend la prescription au profit de toutes les parties intéressées du chef du navire qu'il commande.

Art. 10. Les navires entrés en collision sont obligés de se porter secours autant que les circonstances le permettent.

Les lois particulières déterminent les peines applicables aux contrevenants.

Le propriétaire du navire n'est pas responsable du capitaine ou de l'équipage à raison de ces contraventions, et le défaut de porter secours n'entraîne pas une présomption de faute au point de vue de la responsabilité pécuniaire de l'abordage.

Art. 11. Lorsque dans les dispositions qui précèdent, il est parlé de la responsabilité du navire, on entend par ces mots la responsabilité du propriétaire ou de toute autre personne, telle que cette responsabilité est organisée par les lois de chaque pays à raison des fautes commises en cas d'abordage par le capitaine, les officiers, l'équipage ou tous autres préposés.

Art. 12. Les abordages entre navires de guerre et navires de commerce ne sont soumis au présent traité que dans la mesure où une responsabilité est admise à cet égard par le droit de chaque État.

Art. 13. Le présent traité est conclu pour un temps illimité, mais chacune des parties contractantes a le droit de le dénoncer. La dénonciation ne produira ses effets qu'un an après sa notification aux autres parties. Les actions introduites pendant ce délai resteront soumises au traité. Celui-ci continuera à produire tous ses effets entre les parties qui ne l'auront pas dénoncé.

Art. 14. La présente convention ne sera définitive qu'après ratification. Les ratifications seront échangées au plus tard le . . .

A partir de cette date le traité entrera en vigueur entre les puissances ayant fait l'échange des ratifications.

L'accession de toute puissance non signataire sera notifiée au Gouvernement de . . . . qui en donnera avis aux Hautes parties contractantes dans un délai de . . . .

In formeller Beziehung verdient der Vorschlag der Commission volle Billigung. Ein auf einem Congress der betheiligten Staaten geschlossener und in einer festzusetzenden, nicht zu langen Frist zu ratificirender Vertrag, welcher die empfohlenen Regeln zum Inhalte hat, würde gewiss der geeignetste, wenn nicht der einzig mögliche Weg sein, um diese Regeln in absehbarer Zeit in den betreffenden Ländern als positives Recht einzuführen.

Dagegen sind hinsichtlich des sachlichen Inhalts des Vertragsentwurfs mancherlei Bedenken nicht zu unterdrücken. Vergeblich wird man einen inneren Grund dafür suchen, weshalb der Rheder haften soll für Verschulden des Zwangslootsen, den er weder direct noch indirect angenommen hat, der ihm von den Behörden aufgezwungen ist, und dem der Capitän die Führung des Schiffes überlassen muss. Man kann sich schwer der Empfindung entziehen, dass diese Abweichung von dem Rechte Englands und Deutschlands, der beiden bedeutendsten Seehandels-Staaten, eine unbillige Härte gegen die Rheder ist..

In kaum geringerem Grade gilt dies vom Artikel 7, der das geschleppte Schiff — eventuell jedes der mehreren Anhängeschiffe eines Schleppzuges — haftbar macht für das Verschulden der Besatzung des Schleppers, und zwar einerlei, ob das in Anspruch genommene Schiff neben dem Schlepper ein Verschulden trifft oder nicht, ob es den Schaden thatsächlich verursacht hat oder nicht, also auch dann, wenn ein anderes Anhängeschiff den Schaden mitverschuldet und thatsächlich bewirkt hat. Es ist schwerlich mit allgemeinen Rechtsgrundsätzen vereinbar und würde practisch zu höchst bedenklichen Consequenzen führen, wollte man den Unternehmer auch für diejenigen Schäden verantwortlich machen, welche die Angestellten eines anderen selbständigen Unternehmers, dessen Dienste der erstere zur Ausführung seiner Geschäftsthätigkeit in Anspruch nimmt, Dritten zufügen. Mit demselben Recht, wie den Rheder für das Verschulden der Besatzung des Schleppers, würde man den Verlader haftbar erklären können für das Verschulden der Angestellten des Rheders, dessen er sich zur Beförderung seiner Güter bedient. Mit der Fiction, dass der Schlepper die vor das Schiff gesetzte Maschine desselben, die Besatzung des Schleppers also ein Theil der Besatzung des Schiffes sei, ist diese Anomalie offenbar nicht zu rechtfertigen. Eben so gut könnte man den Fahrgast für das Verschulden des Droschkenkutschers verantwortlich machen, weil die Droschke die Muskeln jenes ersetzt.

Nicht ohne Bedauern wird man auch von der ausserordentlichen Zurückhaltung Kenntniss nehmen, welche sich der Entwurf (Art. 12) Kriegsschiffen gegenüber auferlegt, indem er die Frage, ob sie für den Schaden, den sie Handelsschiffen schuldvoller Weise zufügen, nach den empfohlenen Regeln haften sollen, dem Rechte jedes Staates zur Entscheidung überlässt. Es kann doch nicht wohl einem Zweifel unterliegen, dass nach Recht und Billigkeit der Staat in rein privatrechtlichen Verhältnissen für das Verschulden seiner Angestellten in gleicher Weise haften sollte, wie ein Privatmann, und grade in dem Entwurfe für einen Vertrag der betheiligten Staaten müsste diese Forderung gestellt werden.

Wollte man sich aber auch über diese Bedenken angesichts der erzielten Uebereinstimmung so vieler und hervorragender Männer der Wissenschaft und Praxis hinwegsetzen, so bleibt doch das schwerste Bedenken, dass der Entwurf über die Frage, bis zu welchem Umfange der Rheder für durch Verschulden seiner Angestellten verursachte

Collisions-Schäden zu haften habe, eine Entscheidung nicht trifft, dieselbe vielmehr im Art. 11 dem Recht der einzelnen Staaten überlässt. Ueber dieses Bedenken ist in der That nicht hinwegzukommen; denn so lange über diese practisch wichtigste und auf den Conferenzen am meisten erörterte Frage eine Einigung nicht erzielt ist, ist die Einigung in den anderen vom Entwurf behandelten Fragen von geringer Bedeutung. Aber nicht allein das, sondern der Entwurf erschwert auch durch die vorgeschlagene Einigung in Nebenpunkten die künftige Einigung in diesem Hauptpunkte, welche, wie bereits in einer Anlage zu dem Bericht des Vereins Hamburger Rheder vom Juli 1899 befürwortet ist und nachstehend näher begründet werden soll, dahin anzustreben ist, dass die Haftung der Rheder für Collisions-Schäden ganz beseitigt wird.

Zwar ist auf der Londoner Conferenz (Prot. S. 206)*) mit grosser Mehrheit (von den Vertretern Belgiens, Dänemarks, Deutschlands, Hollands, Japans und Italiens einstimmig, von denen Englands mit 10 gegen 4 Stimmen) auch über diese Frage ein Beschluss gefasst worden, dahin, dass, soweit es sich um Sachschäden im Gegensatz zu Personenbeschädigungen handelt, der in Anspruch genommene Rheder nach seiner Wahl entweder mit Schiff und Fracht, oder mit einer bestimmten Summe per ton des schädigenden Schiffes haften solle. Aber man wird der Commission darin nur beistimmen können, dass sie diesen Beschluss nicht in das Avant-projet aufgenommen hat. Denn es entspricht in der That dem Gefühle der Gerechtigkeit so wenig, einerseits anzuerkennen, dass der Rheder für den angerichteten Schaden aufzukommen verpflichtet ist, ihm aber andererseits die Wahl zu lassen, wie er sich dieser Verpflichtung auf billigste Weise entledigen kann, dass die Annahme eines solchen Systems seitens der Gesetzgebungen als ausgeschlossen betrachtet werden muss.

Bekanntlich haftet der Rheder nach englischem Recht mit 8 £ per ton des schädigenden Schiffes für Vermögensschädigungen und mit 15 £ per ton für Personenschädigungen persönlich. Nach allen anderen Rechten haftet er nur mit Schiff und Fracht, und zwar nach deutschem und scandinavischem Recht direct nur mit diesem, während nach französischem und nordamerikanischem Recht die Haftung principiell eine persönliche ist, von der sich aber der Rheder durch Abandon von Schiff und Fracht befreien kann. In England besteht unter den Rhedern und Assecuradeuren eine starke Strömung für Annahme des continentalen Systems. Ein grosser Theil der Engländer,

*) Die den Citaten in Klammern beigefügten Zahlen beziehen sich durchgängig auf die Seiten der Protocolle der Conferenzen des C. M. J.

und namentlich die Juristen, erklärt dies aber für unannehmbar. Es sei ein Grundsatz des allgemeinen und insbesondere auch des englischen Rechts, dass der Unternehmer für das Verschulden seiner Leute einzustehen habe. Dieser Grundsatz werde aufs Gröblichste verletzt, wenn der schuldige Rheder nach Untergang seines Schiffes jede Haftung ablehnen und die Versicherungssumme für sich behalten könne. Nie würden sie, nie würde das Parlament ein so ungerechtes System annehmen. So erklärte Douglas Owen zu Anfang der Erörterungen in Antwerpen (S. 61): It is labour in vain to advocate for universal adoption of principles, which are unsound as well as unfair; this is to begin at the wrong end. Let the Comité first decide what is just, reasonable and convenient, and then seek to obtain universal agreement on the basis so arrived at. In ganz ähnlicher Weise äusserte sich Lord Alverstone am Schlusse der bezüglichen Berathungen auf der Pariser Conferenz (S. 53). Zwar gaben die Vertreter dieser Richtung zu, dass auch das englische Recht in dieser Frage kein ideales sei. Sie räumten ohne Weiteres ein, dass die Beträge von 8 und 15 £ willkürliche und vielleicht den heutigen Verhältnissen nicht mehr entsprechende seien, dies sei aber eine Frage des Details, eine anderweitige, angemessene Normirung der Haftsumme per ton werde ohne zu grosse Schwierigkeit herbeizuführen sein, was allerdings einigermassen zweifelhaft erscheint. Einige englische Vertreter bestritten auch die Richtigkeit verschiedener Bemessung der Haftsumme für sachliche und persönliche Schäden, die von anderen nachdrücklich vertheidigt wurde. Ferner räumten die Engländer ein, dass die Beschränkung der Haftung des Rheders im Widerspruche stehe mit dem von ihnen so lebhaft betonten Rechtsgrundsatze. Sie konnten diese Ausnahme nur begründen aus der practischen Erwägung, dass sie nöthig sei, weil ohnedem wegen der zu grossen Gefahr die Aufrechterhaltung des Schifffahrtsbetriebes unmöglich sei. Die Behauptung, dass, wenn schon einmal von dem Grundsatze abgewichen werden müsse, die Beschränkung der Haftung nach dem continentalen Recht zweckmässiger sei, als die des englischen Rechts, wiesen sie mit dem Hinweis auf die grossartige Entwickelung der englischen Rhederei zurück, ein Hinweis, dem eine gewisse Berechtigung nicht abzusprechen ist. Aber der wiederholte Vorhalt der Unvereinbarkeit der Beschränkung der Haftung mit ihrem angeblich streng rechtlichen Standpunkte konnte auf die Vertreter dieser Richtung nicht ohne Einfluss bleiben. Einer ihrer energischsten Vertreter, der schon erwähnte Douglas Owen, erklärte (London, S. 151): The fact is, that when once you leave the solid ground of unlimited liability, you get into quicksand. Die Folge war, dass sie sich zu weitgehendem Entgegenkommen entschlossen. So schlug Owen vor, die Haftung, ausser für persönliche Verletzungen, auf den Werth von Schiff und Fracht vor der Collision zu beschränken, und zwar so, dass bei wiederholten Collisionen während einer Reise dieser Werth nur einmal hafte, ein Vorschlag, der, wie der Präsident des Hanseatischen Oberlandesgerichts Dr. Sieveking erklärte, dem continentalen Recht zu drei Viertheilen entgegenkam; und der schliesslich auch von der grossen Mehrheit der englischen Vertreter angenommene Beschluss giebt, wie schon oben bemerkt, die Grundsätze des Rechts und der Gerechtigkeit vom Standpunkte der Geschädigten aus vollständig preis. Wenn aber trotzdem die Vertreter dieser Richtung mit unbeugsamer Festigkeit die Annahme des continentalen Systems für unannehmbar erklärten, so scheint dabei, wie aus verschiedenen Bemerkungen hervortritt (z. B. Grey Hill, London, S. 159) das nationale Gefühl, die Abneigung der Engländer, einfach ihr System zu Gunsten des fremden aufzugeben, nicht ohne Einfluss gewesen zu sein, und dieses Gefühl ist bei den Angehörigen der Nation, deren Flagge mehr als die Hälfte der gesammten Tonnage von Kauffahrteischiffen deckt, wohl verständlich. Wie dem aber auch sein möge, die Hoffnung, dass England in absehbarer Zeit das continentale System annehmen werde, ist sehr gering.

Der Grund, weshalb es bisher trotz der wiederholten und ernstesten Bemühungen der hervorragendsten Männer der Wissenschaft und Praxis nicht gelungen ist, eine Lösung des Problems zu finden, dürfte darin zu erblicken sein, dass man es versäumt hat, dem oben citirten Rathe von Douglas Owen zu folgen, nämlich zunächst zu prüfen, was gerecht, vernünftig und zweckmässig ist. Es ist ja viel darüber gesprochen worden, aber eine gründliche Erörterung der Frage: »Auf welchem Rechtsgrunde beruht die Haftung des Rheders für Collisions-Schäden?« hat nicht stattgefunden, vielmehr ist diese Haftung stets als selbstverständlich angenommen worden. Dies ist um so mehr zu verwundern, als von einer ganzen Anzahl von Vertretern, am schärfsten von Herrn Hindenberg, Dänemark (Antwerpen S. 53, London S. 99, Paris S. 48), aber auch von den französischen (Marais, London S. 92, Dr. Spiers S. 124, Verneaux, Paris S. 62) und den deutschen Vertretern (Dr. Sieveking, Antwerpen S. 74, London S. 162, Paris S. 57, Dr. Boyens, London S. 129, Laeisz, London S. 118) — in Abrede gestellt wurde, dass der Rechtsgrund, auf den bisher von allen Gesetzgebungen die Rhederhaftung gestützt wird, nämlich die Regel, dass Jeder für das Verschulden seiner Angestellten

Dritten gegenüber zu haften habe, ein allgemein anerkanntes Princip und Postulat der Gerechtigkeit sei. Von Dr. Sieveking wurde sogar an der letztcitirten Stelle erklärt, qu'il n'y a pas de logique dans toute cette question, und der Vertreter der Vereinigten Staaten erklärte bald darauf positiv (Paris S. 60): s'il était question de logique dans cette question, ce serait la suppression de toute responsabilité. Bei solchen Zweifeln über die Grundlagen der Haftung der Rheder für Collisions-Schäden ist es erklärlich, dass man zu einem Einverständniss über die angemessene Lösung der Frage nicht gelangen konnte, und es wird ferner zugegeben werden müssen, dass es nicht sehr aussichtsvoll ist, eine internationale Gesetzgebung auf einer Grundlage zu erzielen, die von ihren Befürwortern selbst als jeder Logik entbehrend bezeichnet ist.

Geht man in eine Prüfung des Rechtsgrundes für die Haftung der Rheder für Collisions-Schäden ein, so muss zunächst constatirt werden, dass nicht nur das englische, sondern auch alle anderen Rechte diese Haftung aus der Verpflichtung des Unternehmers ableiten, für den durch Verschulden ihrer Angestellten Anderen zugefügten Schaden einzustehen. Dies ist ohne Weiteres klar hinsichtlich derjenigen Rechte, welche, wie das französische und nordamerikanische, auf dem Abandonsystem beruhen, welche auf dem Standpunkte stehen, dass der Rheder als Principal für den Schaden voll verantwortlich ist, ihm aber gestatten, sich durch Abandonirung von Schiff und Fracht von dieser Verantwortlichkeit zu befreien. Aber auch bei dem deutschen und den mit ihm übereinstimmenden Rechten, welche die Haftung direct auf Schiff und Fracht beschränken, ist dies der Fall. Das deutsche Handelsgesetzbuch lässt hierüber keinen Zweifel zu. Es stellt als Regel den Grundsatz auf, dass der Rheder für den Schaden haftet, der durch Verschulden einer Person der Schiffsbesatzung Dritten zugefügt wird, und nur als Ausnahme beschränkt er diese Haftung in gewissen Fällen auf Schiff und Fracht. Die Jurisprudenz und die Judicatur haben diese Theorie ausgebaut und neuerdings ist sie durch Einführung des Systems der proportionellen Haftung nach dem Grade des Verschuldens bis in ihre äusserste Consequenz entwickelt worden.

Man wird den Engländern zugeben müssen, dass nach dieser Theorie, nach welcher der Rheder als der indirect Schuldige gilt, es eine augenfällige Ungerechtigkeit ist, wenn dem continentalen Rechte gemäss der schuldige Rheder nach Untergang seines Schiffes die Versicherungssumme einzieht, also keinerlei Schaden erleidet, während der durch seine Schuld Geschädigte leer ausgeht. Aber ist denn jene Theorie wirklich in allgemeinen Rechtsgrundsätzen begründet, entspricht sie den logischen Anforderungen von Recht und Billigkeit, und sind nicht vielmehr alle jetzigen positiven Rechte, welche die Haftung des Rheders auf Grund dieser Theorie aussprechen, auf einer missverständlichen Verquickung germanischer und römischer Rechtsanschauungen beruhende Ausnahmen von der allgemeinen Regel? Wir haben schon oben gesehen, dass die Vertreter Deutschlands, Dänemarks, Frankreichs und der Vereinigten Staaten die letztere Frage bejaht haben. Eine zweifellose Entscheidung in diesem Sinne enthält das deutsche Recht. Das Bürgerliche Gesetzbuch vom 18. August 1896 unterscheidet scharf zwischen der Haftung des Unternehmers für Verschulden seiner Angestellten im Vertragsverhältniss und in aussercontractlichen Verhältnissen. Derjenige, der sich einem Anderen gegenüber zu einer Leistung verpflichtet hat, hat nach § 278 das Verschulden der Personen, deren er sich zur Erfüllung seiner Verbindlichkeit bedient, zu vertreten, wie sein eigenes. Dagegen bestimmt § 831:

> »Wer einen Anderen zu einer Verrichtung bestellt, ist zum Ersatze des Schadens verpflichtet, den der Andere in Ausführung der Verrichtung einem Dritten widerrechtlich zufügt. Die Ersatzpflicht tritt nicht ein, wenn der Geschäftsherr bei der Auswahl der bestellten Person und, sofern er Vorrichtungen oder Geräthschaften zu beschaffen oder die Ausführung der Verrichtung zu leiten hat, bei der Beschaffung oder der Leitung die im Verkehr erforderliche Sorgfalt beobachtet, oder wenn der Schaden auch bei Aufwendung dieser Sorgfalt entstanden sein würde«.

Der Geschäftsherr haftet also für den durch seine Angestellten Dritten zugefügten Schaden nur, wenn ihn selbst ein Verschulden trifft, wenn er in den angegebenen Richtungen nicht die erforderliche Sorgfalt angewendet hat. Dass er dies gethan hat, und, falls er es nicht gethan hat, dass auch bei Aufwendung dieser Sorgfalt der Schaden entstanden wäre, muss er beweisen. Offenbar ist das B. G. B. bestrebt, die Haftung des Unternehmers für das Verschulden seiner Angestellten so weit auszudehnen, wie irgend angänglich ist; das geht daraus hervor, dass es die Verpflichtung zur Haftung an die Spitze stellt und dem Unternehmer den Beweis dafür, dass er die nöthige Sorgfalt aufgewandt hat, auferlegt; denn ein Verschulden soll im Allgemeinen nicht präsumirt werden, es muss dem in Anspruch Genommenen bewiesen werden. Die Thatsache aber, dass trotz dieser Tendenz das B. G. B., das nach fast 20jähriger Vorarbeit der hervorragendsten deutschen Juristen zu Stande gekommen ist, die Haftung des Geschäftsherrn in der angegebenen Weise beschränkt, dürfte den besten Beweis dafür liefern, dass es mit den Grundsätzen des Rechts und der Billigkeit unvereinbar wäre, hierin noch weiter zu gehen.

Die Engländer aber behaupten, dass nicht allein ihr positives Recht den Geschäftsherrn für jeden Schaden haftbar mache, den der Angestellte Dritten in Ausübung seiner Verrichtungen zufügt, sondern dass dies auch ein im englischen Volke so tief begründetes Rechtsgefühl sei, dass eine Aenderung des Rechts in dieser Beziehung ganz aussichtslos sei. Es würde von einem Fremden vermessen sein, dies zu bestreiten; aber gewisse Zweifel an der Richtigkeit der Behauptung sind doch nicht zurückzuweisen. In London hat Präsident Dr. Sieveking (S. 162) ein Beispiel angeführt: »Jemand kauft ein Buch im Laden und schickt seinen Diener hin, um es zu holen, dabei stiehlt der Diener ein anderes Buch. Ist der Herr dafür ersatzpflichtig?« Darauf hat Mr. Marsden (S. 187) erwidert, er sei erstaunt zu hören, dass in einigen Ländern das Princip »respondeat superior« nicht gelte. In dem von Dr. Sieveking angeführten Beispiele hafte zwar nach englischem Recht der Auftraggeber für den Diebstahl nicht. (Gründe werden nicht angegeben). Dieses Princip scheine ihm die Grundfrage der ganzen Angelegenheit zu sein. — Ja, gewiss ist sie das! Aber dann ist es, um zu einer Lösung zu kommen, erforderlich, dass die Engländer eine klare Begründung ihrer Theorie geben, dass sie erklären, weshalb der Rheder für das Verschulden der Schiffsbesatzung haften muss, nicht aber der Herr für das Verschulden seines Dieners. Sollte die verschiedene Beurtheilung der beiden Fälle etwa darin ihren Grund haben, dass es sich im letzteren Falle um eine zwar anlässlich der Ausführung des Auftrages begangene, mit dieser Ausführung aber nicht in innerem Zusammenhange stehende schuldvolle Handlung des Angestellten handelt? Würde der Herr haften, wenn der Diener in einem Glasladen durch Unachtsamkiet werthvolle Gegenstände zertrümmerte, oder haftet der Principal, dessen Arbeiter bei seinen dienstlichen Verrichtungen im Waarenlager durch Unvorsichtigkeit ein Feuer verursacht, das weiter um sich greift und auch Nachbarhäuser zerstört, allen dadurch Geschädigten? Die Unterscheidung würde sehr spitz sein. Uebrigens haftet laut der Begründung zum Haftpflichtgesetz (Reichstags-Drucksachen 1871) in England der Unternehmer nicht für Schäden, welche einem in dem Betriebe beschäftigten Arbeiter durch Verschulden eines Mitarbeiters zugefügt werden. Eine eingehende Darlegung, wie weit das Princip des »respondeat superior« im englischen Recht durchgeführt ist, wäre sehr erwünscht. Die Verfechter dieses Princips in der hier vorliegenden Frage stellen sich auf den Standpunkt des Geschädigten, dem Ersatz werden müsse. Ja gewiss muss ihm Ersatz werden von dem Schuldigen, aber eine Ungerechtigkeit ist es, einen Unschuldigen zum Ersatz anzuhalten, und der Rheder, der in der Auswahl des Angestellten und in seiner Ausrüstung für die fragliche Verrichtung nichts versäumt hat, ist thatsächlich unschuldig. Die Thatsache allein, dass er einen Anderen mit einer Verrichtung betraut hat, begründet keine Mitschuld an dem Schaden, den der Andere bei dieser Verrichtung schuldvoller Weise Dritten zufügt.

Offensichtlich ist die wiederholt betonte Inconsequenz des englischen Rechts — wie übrigens auch der anderen — dass es, obwohl es den Rheder für schuldig erklärt, ihn nur in beschränkter Weise haftbar macht. Ist Jemand von einem Anderen schuldvoller Weise geschädigt, so erfordert die Gerechtigkeit, dass er ihm den Schaden ersetzt, soweit sein Vermögen reicht. Die zur Erklärung der Beschränkung der Haftung in Antwerpen (S. 80) von dem norwegischen Vertreter herangezogene Analogie der beschränkten Haftung der Actionäre trifft offenbar nicht zu, denn dabei handelt es sich nicht um Forderungen gegen die Actionäre, sondern um Forderungen gegen die Actiengesellschaft, ein von den Actionären ganz getrenntes, selbstständiges Rechtssubject, welches durch die Einschüsse der Actionäre erst gebildet wird. Die Haftung dieses Rechtssubjectes ist, soweit sie überhaupt begründet ist, unbeschränkt. Die in der beschränkten Haftung nach der herrschenden Theorie liegende Ungerechtigkeit lässt sich auch nicht durch die Erwägung rechtfertigen, dass sonst der Schifffahrtsbetrieb unmöglich wäre. Und wie will man, wenn man einmal aus Rücksicht auf den Schädigenden dessen Haftung beschränkt, gerade die Beschränkung auf einen nach der Grösse des Schiffes berechneten Betrag rechtfertigen, der von dem Einen leicht verschmerzt werden kann, während er für den Anderen sein ganzes Vermögen darstellt. Die einzig mögliche Erklärung für diese Art der Beschränkung ist ihr Ursprung aus dem germanischen Gedanken der Haftung der schadenstiftenden Sache. Aber gerade von den Engländern wird die Anwendbarkeit dieses Gedankens bei den heutigen Verhältnissen aufs Schärfste zurückgewiesen. Auch die Begründung, dass die Haftung beschränkt werden müsse auf den Theil des Vermögens, welcher in dem Unternehmen arbeite, zu welchem die fragliche Verrichtung gehöre, also auf die fortune de mer im Gegensatze zur fortune de terre, ist nicht stichhaltig, und zwar schon aus dem Grunde nicht, weil die Haftung sich garnicht auf die fortune de mer, auf das in dem fraglichen Unternehmen arbeitende Capital, erstreckt. Wollte man auch zugeben, dass bei einer Rhederei, welche verschiedene Schiffe unabhängig von einander in freier Fahrt beschäftigt, der Betrieb jedes Schiffes als ein besonderes Unternehmen angesehen werden könnte, so ist das doch ganz unmöglich bei einer Dampferlinie, bei der alle Schiffe nur zur Ausführung des einen untrennbaren Unternehmens dienen. Und doch haften nicht sämmtliche Schiffe der Linie, sondern nur das eine, das den Schaden angerichtet hat.

Mr. Owen hat ganz recht wenn er sagt, bei jeder Beschränkung der Haftung steht man auf Flugsand. Diese Erfahrung haben die Engländer in recht augenfälliger Weise gemacht, als sie im Jahre 1900 die bisher unbeschränkte Haftung der Rheder für Collisions-Schäden, die an festen Gegenständen verursacht werden, in gleicher Weise beschränken wollten, wie für Collisions-Schäden an Schiffen. Die Dockgesellschaften erhoben lebhaften Widerspruch und machten geltend, was den Rhedern recht sei, sei ihnen billig; werde die Haftung der Rheder beschränkt für den Schaden, welchen die Schiffe den Dockanlagen zufügten, so müsse auch ihre Haftung beschränkt werden für Schäden, welche durch Versehen und Fehler im Dockbetriebe den Schiffen zugefügt würden. Vom Standpunkte des englischen Rechts liess sich gegen diese Argumentation nichts einwenden, und nachdem lange erörtert war, wie sich die Haftung der Dockgesellschaften beschränken lasse, wurde bestimmt, dass sie für Schäden der bezeichneten Art haften sollten bis zum Betrage von 8 bezw. 15 £ per ton des grössten Schiffes, welches innerhalb der letzten 5 Jahre die Anlagen besucht hat, mit Ausnahme solcher Schiffe, die dort nur Post und Passagiere gelandet haben. Gerade diese Consequenzen, zu denen ihre Theorie geführt hat, dürften die Engländer besonders geneigt machen, die inneren Grundlagen derselben von Neuem einer eingehenden Prüfung zu unterziehen.

Nach dem Angeführten wird zugegeben werden müssen, dass die Haftung des Rheders für durch sein Schiff verursachten Collisions-Schaden nicht — wie es alle gegenwärtigen positiven Rechte thun — aus der Verpflichtung des Arbeitgebers, für durch seine Angestellten Dritten zugefügten Schaden einzustehen, innerlich zu begründen ist. Wie ist sie aber sonst zu begründen?

Es ist gesagt worden, es entspreche der Gerechtigkeit und Billigkeit, dass der Unternehmer eines Betriebes, der geeignet sei Anderen Schaden zuzufügen, für diesen Schaden aufzukommen habe; wer den

Nutzen solchen Unternehmens habe, müsse auch den Schaden tragen. Diese Auffassung tritt in den Ausführungen auf den Congressen wiederholt mehr oder minder deutlich ausgesprochen hervor, u. A. in der Begründung der Haftung des Rheders für Verschulden des Zwangslootsen damit, dass kein Grund sei, den Rheder, der überhaupt für seinen gefährlichen Betrieb hafte, von dieser Haftung für den gefährlichsten Theil zu befreien, wo dieser Gefährlichkeit wegen die Behörde die Ueberlassung der Schiffsführung an einen Lootsen vorschreibe. Aber dieser Gesichtspunkt findet sich sonst nirgend durchgeführt. Wohl nach keinem Rechte haftet der Händler mit Sprengstoffen, wenn solche auf seinem Lager explodiren und in Folge dessen der Speicher, in dessen einem, vom Händler gemietheten Theile, die Explosion stattfand, und benachbarte Speicher mit den in ihnen lagernden Werthen vom Feuer zerstört werden, den so Geschädigten. Bei diesem Gesichtspunkte ist die Beschränkung der Haftung auf die durch Verschulden der Angestellten verursachten Schäden unerklärlich; sie müsste dann auf jeden Schaden ausgedehnt werden, den nicht der Geschädigte selbst verschuldet oder doch mitverschuldet hat. Namentlich für den Schiffsverkehr, den einzigen Fall, in dem dieser Grundsatz zur Geltung gebracht wird, entspricht derselbe nicht der Billigkeit. Hier liegt stets und offenkundig die Gefahr vor. Entspricht es nicht mehr dem natürlichen Billigkeitsgefühle, dass derjenige, der trotz Kenntniss der Gefahr sich und sein Vermögen derselben aussetzt, die Folgen ihres Eintritts zu tragen habe, als dass er Ersatz fordern könne von demjenigen, der das gleiche gefährliche Gewerbe betreibt, wie er, und dadurch die unschuldige Ursache des Eintritts der Gefahr geworden ist?

Aber, wird gesagt, grade die deutsche Gesetzgebung hat diesen Gesichtspunkt anerkannt in dem Haftpflichtgesetz vom 7. Juni 1871, welches die Eisenbahn unbedingt für durch ihren Betrieb verursachte Schäden verantwortlich macht, wenn sie nicht beweist, dass dieselben durch höhere Gewalt oder eigenes Verschulden des Geschädigten verursacht sind, und welches ebenso den Unternehmer eines Bergwerks oder einer Fabrik verantwortlich macht für den Schaden, den ein Bevollmächtigter, ein Repräsentant oder eine zur Leitung oder Beaufsichtigung des Betriebes angenommene Person durch ihr Verschulden in Ausübung der Dienstverrichtungen verursacht. — Das ist richtig. Aber zunächst ist in der Begründung dieses Gesetzes klar anerkannt, dass es sich hier um eine Ausnahme vom allgemeinen Rechte handelt. Sodann, und das ist ein wichtiges Moment, erstreckt sich die Haftung des Betriebsunternehmers nur auf persönliche

Schädigungen, auf Tödtung oder Verletzung eines Menschen, nicht auf Sachschaden. Das Haftpflichtgesetz hat im bewussten Gegensatz zum allgemeinen Recht die Haftung des Unternehmers ausgedehnt aus dem practischen, politischen Gesichtspunkte, dass bei der Ausdehnung der Industrie und den dadurch gesteigerten Unfällen erforderlich sei, für die von den Unfällen in der Regel Betroffenen, die mittellosen Arbeiter, zu sorgen, nie aber ist es dem deutschen Gesetzgeber eingefallen, den schuldlosen Unternehmer für durch seinen Betrieb Dritten zugefügten Vermögensschaden haftbar zu machen.

Allein diese, dem allgemeinen Recht widerstreitende, humane Gesetzgebung hat sich nicht bewährt. Für die Unternehmer stellte sich die Haftung — die, im Gegensatz zu derjenigen des Rheders eine unbegrenzte ist, so zwar, dass nach § 7 der Geschädigte jederzeit, wenn die Vermögensverhältnisse des Verpflichteten sich verschlechtert haben, Sicherheit verlangen kann — gelegentlich als eine überaus harte heraus, und für die Arbeiter war das Gesetz ungenügend, da sie eine Entschädigung nur erhielten, wenn ein Verschulden eines Betriebsleiters nachweisbar war, nicht aber, wenn ein ohne solches Verschulden eingetretener Unfall vorlag. So wurde das Haftpflichtgesetz der Vorläufer der Unfallversicherungs-Gesetzgebung, welche die Gesammtheit der Unternehmerschaft eines gewissen Gewerbszweiges haftpflichtig macht für die durch zufällig oder fahrlässig herbeigeführte Betriebsunfälle den Arbeitern des Betriebes zugefügten persönlichen Schäden, aber nicht zum vollen Betrage des Schadens, sondern in einer — aber nicht wie bei Rhederhaftung nach den Verhältnissen des Unternehmers bemessenen — Begrenzung. Die Haftung des einzelnen Unternehmers ist, soweit nicht eigener dolus, in gewissem Umfange auch eigene Fahrlässigkeit, in Frage kommt, durch diese Gesetzgebung beseitigt. So ist die deutsche Gesetzgebung hinsichtlich der privatrechtlichen Verhältnisse schon nach kurzer Zeit wieder auf das allgemeine Recht zurückgekommen, und hat die Befriedigung der durch die wirthschaftliche Entwickelung entstandenen Bedürfnisse auf dem Gebiete des öffentlichen Rechts gesucht. Wenn trotz dem gegenwärtig fast auf alle Arbeiter ausgedehnten Unfallversicherungsgesetz das Haftpflichtgesetz nicht aufgehoben, sondern im Einführungsgesetz zum B. G. B. in etwas veränderter Gestalt aufrecht erhalten ist, so ist dafür ein als durchschlagend anzuerkennender Grund kaum vorhanden. Jedenfalls kann die Haftpflicht-Gesetzgebung und ihre Entwickelung zur Unterstützung der Haftung der Rheder für Collisions-Schäden nicht herangezogen werden.

Ein fernerer Grund, der für diese Haftung angeführt wird, beruht ausschliesslich auf Erwägungen der Zweckmässigkeit. Man sagt, sie sei erforderlich im Interesse der Sicherheit der Schifffahrt, um die Capitäne zu vorsichtiger Navigirung zu veranlassen. Wäre dieser Grund zutreffend, so würde er allerdings entscheidend sein müssen. Er trifft aber in keiner Weise zu. Zunächst muss und kann man annehmen, dass die Schiffsführer ohne äusseren Ansporn lediglich aus Pflichtgefühl, aus dem Gefühle ihrer Verantwortung für die ihnen anvertrauten Werthe und Personen, ihr Möglichstes thun werden, um Collisionen zu vermeiden, von denen sie — selbst wenn sie das Schicksal des Gegenseglers ausser Betracht lassen wollten — nie wissen können, ob sie nicht ihrem Schiffe, den auf ihm befindlichen Personen, und schliesslich ihnen selbst verhängnissvoll werden. Die Capitäne zeichnen sich fast stets durch einen hohen Grad von Pflichtgefühl aus, und die Fälle sind nicht selten, wo sie dasselbe mit dem Tode besiegeln. Aber neben dem Pflichtgefühl, das immer der stärkste Ansporn für die Capitäne und Seeleute sein muss und wird, giebt es auch ohne die Rhederhaftung genügende und viel wirksamere Triebfedern, die sie zu sorgfältiger Navigirung veranlassen. Es soll hier abgesehen werden von der civilrechtlichen Haftung des Capitäns, die, wenn sie auch dem Geschädigten in den meisten Fällen nur einen geringfügigen Ersatz bieten wird, für ihn doch den Verlust seines ganzen Vermögens bedeutet, eine Haftung, die zweifellos jetzt besteht, wenn sie auch kaum je geltend gemacht wird, und die auch bei der Beseitigung der Rhederhaftung zweifellos an sich fortbestehen würde. Von dieser civilrechtlichen Haftung soll deshalb abgesehen werden, weil später befürwortet werden wird, auch diese formell gerechtfertigte aber materiell ungerechte Haftung für nautische Verschulden zu beseitigen. Auch sie ist nicht erforderlich, denn bei jedem Unfalle droht, nicht allein in Deutschland, sondern in fast allen civilisirten Staaten, dem Capitän die seeamtliche Untersuchung, durch die, falls sich ein grösseres Verschulden ergiebt, durch die Patententziehung seine ganze Carriere vernichtet wird. Aber auch wenn sich nur die Spur eines Verschuldens oder einer Nachlässigkeit ergiebt, wird der Capitän in der Regel seiner Stellung verlustig gehen, und es haftet an ihm ein Makel, der ihm seine ganze Laufbahn stört. Und wenn durch seine Fahrlässigkeit der Tod oder die Verletzung von Menschen herbeigeführt ist, so droht ihm ausserdem die strafrechtliche Untersuchung und das Gefängniss. Wie kann gegenüber diesen so äusserst wirksamen Gründen, die den Capitän veranlassen müssen, die äusserste Sorgfalt anzuwenden, um Unfälle zu vermeiden, noch das Bewusstsein wirksam sein, dass sein Rheder, und in den meisten Fällen nicht einmal dieser, sondern der Versicherer seines Rheders, für den Schaden aufzukommen hat? So gut wie heute der Rheder den Capitän entlässt, der einen Unfall herbeigeführt hat, obwohl nicht er, sondern sein Versicherer den Schaden zu ersetzen hat, so gut wird auch später der Rheder den Capitän entlassen, obwohl nicht sein Versicherer, sondern derjenige des Geschädigten, den Ersatz zu leisten hat. Sein Ruf den Verladern und Passagieren und namentlich den Versicherern gegenüber zwingt ihn dazu, welche Letzteren wie jetzt, so auch später, höhere Prämien von ihm verlangen würden, wenn er seine Schiffe Capitänen anvertraut, deren Tüchtigkeit und Zuverlässigkeit zu berechtigten Zweifeln Anlass bietet. Und vollends, wie will man aus diesem Grunde die Haftung des Rheders für das Verschulden des Zwangslootsen, ja auch des gewöhnlichen Lootsen und der Besatzung des Schleppers rechtfertigen, deren sich der Capitän im fernen Hafen bedient. Ihnen allen ist der ihnen fremde Rheder und seine Haftung völlig gleichgültig. Seinetwegen werden sie bei der Navigirung kaum besondere Sorgfalt aufwenden, wenn sie es nicht schon aus anderen Gründen thun.

Alle Versuche, die Haftung der Rheder aus Gesichtspunkten des allgemeinen Rechts oder der Zweckmässigkeit zu begründen, erweisen sich als hinfällig. Aber, sagt man, sie ist ein seit Jahrhunderten bestehender, ins Volksbewusstsein übergegangener Rechtssatz. Auch das ist nicht richtig. Vielfach herrschen über das Alter des jetzigen Rechts durchaus irrthümliche Anschauungen; thatsächlich stammt es erst aus verhältnissmässig neuer Zeit. Nach allgemeiner germanischer Anschauung haftete das schadenstiftende Schiff für den angerichteten Schaden. Um zu verhüten, dass alte Schiffe in die Fahrstrasse der Häfen gelegt würden, damit sie von anderen angerannt würden, bestimmte das Recht von Oleron, dass wenn ein vor Anker liegendes Schiff von einem anderen angerannt wird, der Schaden über beide Schiffe und Ladungen vertheilt werden soll, sofern der Führer des ansegelnden Schiffes schwört, die Ansegelung nicht absichtlich herbeigeführt zu haben. Dieser Rechtssatz hat sich auf alle Collisionen ausgedehnt, bei allen germanischen und romanischen Völkern eingebürgert, auf ihm beruhen alle geltenden Rechte, die englische Haftung mit 8 £ per ton so gut wie das französische Abandon-System und die deutsche Haftung mit Schiff und Fracht, in der er sich am deutlichsten erhalten hat. Aber mit höherer Culturentwickelung war die mythologische Auffassung der Haftung der personificierten Sache nicht vereinbar. Man suchte eine andere Erklärung für das in Anwendung befindliche Recht und fand sie, unter dem Einflusse missverstandener römischer Rechtsbegriffe, in der Haftung des Rheders für Verschulden seiner Angestellten. Diese neue Theorie hatte in den verschiedenen Ländern verschiedene Ausbildungen des alten Rechts zur Folge. Mancherwärts aber erhielt sich dieses ohne wesentliche Aenderungen bis in verhältnissmässig neue Zeit. So wurde in Hamburg und manchen anderen Theilen Deutschlands bis zur Einführung des Allgemeinen Deutschen Handelsgesetzbuches im Anfang der 50er Jahre des vorigen Jahrhunderts, sofern die Collision nicht absichtlich herbeigeführt war, der beiderseitige Schaden über beide Schiffe vertheilt, und alle Bestrebungen der Praxis, wenigstens auch beim Vorliegen groben Verschuldens auf Seiten eines Schiffes dieses für den dem anderen zugefügten Schaden haftbar zu machen, wurden von den Gerichten zurückgewiesen (s. Lamprecht, »Schaden durch Zusammenstoss von Schiffen« in Goldschmidt's Zeitschrift f. d. gesammte Handelsrecht, Bd. 21, 1876). Aber auch nachdem durch das Allgemeine Deutsche Handelsgesetzbuch jene neue Theorie in das Deutsche Recht eingeführt war, entsprach der damit geschaffene Rechtszustand doch practisch noch bei Weitem nicht dem heutigen. Erst durch die Verordnung zur Verhütung des Zusammenstossens der Schiffe auf See vom 23. December 1871 war die Möglichkeit gegeben, abgesehen von Fällen ganz grober, offensichtlicher Fahrlässigkeit, von einem Verschulden der Schiffsbesatzung zu sprechen und solches nachzuweisen. Immer mehr wurde auf Grund der in Wirklichkeit unzutreffenden lex Aquilia auch das kleinste Verschulden berücksichtigt und nachzuweisen gesucht, theils um vom Gegner Ersatz des Schadens zu erlangen, theils um, indem man dem Gegner ein geringes Verschulden nachwies, sich von der Ersatzpflicht zu befreien, und die namentlich aus dem letzteren Verfahren sich ergebenden Unbilligkeiten führten dazu, im neuen Handelsgesetzbuche die proportionelle Haftung nach dem Grade des Verschuldens einzuführen. Hiermit ist die äusserste Consequenz der auf die germanische Rechtsregel gepfropften römischen Anschauung gezogen. Von einer seit Jahrhunderten in Geltung befindlichen Rechtsüberzeugung ist also nicht die Rede. Die Haftung des Rheders für Collisions-Schäden ist, ausser für absichtlich herbeigeführte, in Deutschland und manchen anderen Ländern noch nicht 50 Jahre alt, und thatsächlich hat das bezügliche Recht bis in die neueste Zeit die einschneidendsten Aenderungen erfahren.

Wir sind zu Ende mit der Erörterung der Versuche, eine Erklärung für die Haftung der Rheder für Collisions - Schäden zu finden. Alle haben sich als haltlos erwiesen. Das würde aber, wie ohne Weiteres zugegeben werden muss, kein genügender Grund sein, tiefgreifende Aenderungen in einem befriedigenden Rechtszustande herbeizuführen. Ist denn aber der bisherige Rechtszustand befriedigend? Alle Welt ist einig darin, diese Frage zu verneinen. Zunächst stellt sich die Verschiedenheit der Rechte in dieser Angelegenheit als mehr und mehr unerträglich heraus, und die Versuche, ein einheitliches Recht zu schaffen, sind an der Unklarheit über die rechtlichen Grundlagen gescheitert. Ist denn aber auch nur das continentale Recht, dessen Annahme Alle mit Ausnahme der Engländer befürworten, practisch befriedigend? Keineswegs. Auch die lediglich nach einem einzigen positiven Recht zu beurtheilenden Collisionen rufen regelmässig langwierige Processe hervor, in denen die mannigfaltigsten schwierigen Rechtsfragen und noch schwierigere Thatfragen durch die verschiedensten Instanzen hindurch erörtert werden. Von den intricaten Rechtsfragen, die sich trotz aller Vorentscheidungen immer von Neuem bieten, soll hier nicht gesprochen werden. Aus den Sammlungen seerechtlicher Entscheidungen kann sich Jeder, der nicht eigene Erfahrungen darin gemacht hat, leicht ein Bild davon machen. Darauf soll aber kurz hingewiesen werden, auf wie unsicherem Boden die Entscheidungen in Collisions-Sachen hinsichtlich der Hauptfrage des Verschuldens des einen oder des anderen Schiffes in thatsächlicher Beziehung beruhen. Kürzlich hat ein Rechtslehrer an einer Universität Ermittelungen über die Zuverlässigkeit der Schilderungen unvorhergesehener Vorfälle durch einwandsfreie Zeugen veranlasst. Am Ende des Unterrichts hat er einige Eingeweihte veranlasst, einen Streit zu provociren und hat hinterher die anwesenden Studenten über den Vorgang vernommen. Es hat sich herausgestellt, dass die meisten Aussagen durchaus ungenau waren, dass Einige verhältnissmässig wichtige Vorgänge, obwohl sie in nächster Nähe gestanden, unbeachtet gelassen hatten, Andere wieder entschieden Unrichtiges wahrgenommen zu haben glaubten. Und nun stelle man sich vor, dass durch unrichtige Abschätzung der Entfernungen oder unrichtige Auffassung der Manöver des Gegenseglers auf See plötzlich eine Collisionsgefahr entsteht. Mehr instinktmässig als auf Grund ruhiger Ueberlegung, zu der keine Zeit ist, macht der Capitän ein Ausweich-Manöver. Jeder Capitän ist überzeugt, das Richtige getroffen zu haben, schlimmstenfalls legt er sich die Thatsachen möglichst zu seinen Gunsten zurecht. Auch die Wahrnehmungen der übrigen Leute der Besatzung sind durch die Aufregung getrübt, naturgemäss stehen sie aber unter der Auffassung, dass der Gegner die Schuld trage, und machen sich, ohne bewusste Unwahrheit, in ihren vielfachen Erörterungen ein Bild der Vorgänge, wie es dieser Auffassung entspricht, dabei aber unmerklich mehr und mehr von dem wirklichen Sachverhalte abweicht. Nach mehr oder weniger langer Zeit kommt die gerichtliche Verhandlung, bei welcher der Capitän, gegen den sich eigentlich die Beweisaufnahme richtet, der Hauptzeuge ist, und bei der wirklich unbefangene Zeugen kaum je vorhanden sind. An kleinen Modellen sucht sich das Gericht nach den beiderseitigen, vielfach abweichenden Aussagen die Position der Schiffe in den verschiedenen Momenten zu vergegenwärtigen, wobei geringe Abweichungen von der Stellung der Schiffe zu einander, wie sie in Wirklichkeit war, von grösster Bedeutung sein können. Auf Grund dieses Materials muss das Gericht entscheiden, der Besatzung welchen Schiffes, und eventuell in welchem Verhältniss, die Schuld zufällt. Gewiss ist häufig die Sachlage einfacher und gewiss gelingt es häufig sachkundigen Richtern, trotz alledem die Wahrheit zu ermitteln. Nicht minder gewiss aber ist, dass in wenigen anderen Verhältnissen sich der Ermittelung der wirklichen Vorgänge so viele Hindernisse entgegenstellen, wie es in der Regel bei Collisionen der Fall ist, und dass nicht selten die vorsichtige Abfassung des Journals und die sorgfältige Vorbereitung der Verklarung für den Ausgang des Processes entscheidend ist. Unter diesen Umständen ist es nicht auffallend, dass so häufig die Seeämter und die Gerichte, sowie die verschiedenen gerichtlichen Instanzen hinsichtlich der Schuldfrage zu durchaus abweichenden Ergebnissen gelangen, und dass trotz aller Hochachtung vor den Gerichten der Ausgang der Collisions-Processe vielfach als ein Spiel des Zufalls angesehen wird. Dieses Gefühl, sowie die grossen Kosten und vielerlei Unannehmlichkeiten der langwierigen Processe haben dazu geführt, dass in Hamburg auf Veranlassung der Vereine der Rheder und der Assecuradeure ein besonderes Schiedsgericht für Collisions-Sachen, bestehend aus einem in Seesachen vorzugsweise bewanderten Juristen und vier nautischen Beisitzern eingesetzt worden ist. Aber dieses Schiedsgericht wird, ebenso wie ähnliche Einrichtungen in anderen Häfen, aus hier nicht näher zu erörternden Gründen nur wenig in Anspruch genommen.

Wozu dienen aber alle diese Processe mit ihrem Gefolge von Aerger, Mühen, Geschäftserschwerungen und Lasten? Practisch zu garnichts. Weder für den Schädigenden noch für den Geschädigten würde eine irgend erhebliche Aenderung in dem bisherigen Zustande eintreten, wenn die Haftung der Rheder beseitigt würde und damit alle Collisionsprocesse in Fortfall kämen. Heutzutage ist jede über See gesandte Waare und ebenso jedes Schiff versichert. Wenn neuerdings einige grosse Gesellschaften ihre Schiffe nur zum Theil oder garnicht versichern, so laufen sie, wie der technische Ausdruck lautet, die Versicherung selbst; sie sind in dieser Beziehung selbst Versicherer. Entsteht ein Collisions-Schaden, so vergütet ihn zunächst der Versicherer gegen Abtretung der Rechte der Versicherten gegen den Schuldigen. Auf Grund dieser Cession sucht der Versicherer Regress gegen den Rheder des collidirenden Schiffes oder vielmehr gegen dessen Versicherer, der im Falle der Verurtheilung des Rheders ihm diesen Schaden zu vergüten hat. Es bleibt also, wenn nach dem Vorschlage Jeder seinen Schaden zu tragen hat, Alles beim Alten; nur die Regressklagen der Versicherer gegen einander hören auf. Für die Assecuradeure gleichen sich aber die Beträge, die sie von anderen Assecuradeuren erstreiten können, und die sie anderen Assecuradeuren zu zahlen haben, aus. Bei den Casco - Assecuradeuren ergiebt sich das ohne Weiteres; bei den Ladungs-Assecuradeuren trifft dies freilich nicht ganz zu, da sie wegen Collisions-Schäden nur Andere in Anspruch nehmen, nicht in Anspruch genommen werden können. Allein einerseits sind die meisten Ladungs - Assecuradeure auch direct oder im Wege der Rückversicherung zugleich Casco-Assecuradeure, andererseits ist gegenüber dem gesammten Risico, welches der Ladungs-Assecuradeur übernimmt, die Aussicht, dass er für den von ihm vergüteten Collisions - Schaden einen Ersatz erhalten könne, so gering, dass sie im Geschäft nicht veranschlagt werden und in den Prämien nicht zum Ausdruck gebracht werden kann. Die Assecuradeure, als ein Ganzes betrachtet, würden nach wie vor alle Schäden zu bezahlen haben, aber nur die thatsächlich durch die Collision verursachten Schäden, nicht die Vergrösserungen, welche die Schäden jetzt durch die Kosten und die noch schwereren indirecten Nachtheile der Processe erfahren, und welche den Assecuradeuren ebenfalls zur Last fallen. Wie gross diese Schadenssteigerungen durch die Prozesse sind, zeigt ein in der Hanseatischen Gerichtszeitung vom 18. Mai 1899 mitgetheilter Fall. Eine vom Schlepper kurz vorher losgeworfene Schute hatte einem Dampfer einen Schaden von 350 ℳ. zugefügt. Die verklagte Schute war in erster Instanz verurtheilt, in zweiter Instanz war die Klage abgewiesen, da den Schlepper die Schuld treffe. Nun klagte der Dampfer den Schaden nebst den ihm erwachsenen Processkosten, im Ganzen 452 ℳ., gegen den Schlepper ein. In erster Instanz wurde dieser nur zur Zahlung des Schadens, in zweiter auch zur Zahlung der früheren und der neuen Processkosten verurtheilt, so dass die vom Versicherer des Schleppers zu zahlende Summe ungefähr das Doppelte des ursprünglichen Schadens erreicht haben wird. Mögen auch so krasse Fälle immerhin Ausnahmen sein, so ist doch kein Zweifel, dass die Steigerung der Schäden durch die meistens bei der Erheblichkeit der Beträge durch alle Instanzen durchgeführten Processe eine sehr bedeutende ist.

Dass durch die Versicherung die Frage der Rhederhaftung thatsächlich ihre practische Bedeutung verloren hat, ist auf den Conferenzen des Comité maritime wiederholt von den verschiedensten Rednern anerkannt worden. Den prägnantesten Ausdruck hat diesem Gedanken Sir John Glover auf der Antwerpener Conferenz (S. 65) gegeben: »Everyone knows that the merchant on the occasion of one of these occurrences is immediately paid by the underwriters, to whom he has paid a premium for running the risks, and the idea, that it is necessary to keep up these absurd penalties in the interest of the owner of the goods is ridiculous. The whole result of the penalties is to provide fighting material for the lawyers and the incurring of heavy costs, but as for any plausible reason, this has vanished into thin air. So that whether you regard the heavy penalty as a means of preventing accidents, or whether you regard it as giving security to the owners of the goods, it is in eather case avoided by insurance. The owners, both of the goods and ships, are secure, as they get paid by the underwriters, who are then face to face for a lifelong fight and splendid bills of costs.« Auf der Pariser Conferenz (S. 54) hat Mr. Douglas Owen, einer der energischesten Verfechter des englischen Systems, erwidert: »Ja, es ist eine Assecuranzfrage. Der Uebergang vom britischen zum continentalen System bedeutet eine Uebertragung des Risicos; es handelt sich darum, wer die Prämie zu zahlen hat. Ich meine, es muss der Rheder thun, weil es sein Risico ist, während Sir John Glover sie dem Ladungseigner aufbürden will.« Wenn das der eigentliche Grund ist, der die Engländer abhält, zum continentalen System überzugehen, so würde dieses Hinderniss bald beseitigt sein. Denn wie auf den Conferenzen mehrfach (u. A. von Sieveking, Antwerpen S. 78) hervorgehoben ist, sind die Ladungsprämien in England und den anderen Ländern völlig gleich, und wie schon oben bemerkt ist und von practischen Assecuradeuren bestätigt wird, würden sie auch bei völliger Beseitigung der Haftung dieselben bleiben.

Der moderne Geschäftsverkehr mit der durch Telegraph und Telephon bedingten Hast drängt nach Vereinfachung in den Geschäftseinrichtungen und in den Rechtsverhältnissen, nach schneller Erledigung der einzelnen Geschäfte und der geschäftlichen Differenzen. Eine Vereinigung zur Schaffung eines internationalen Seerechts wird ihrer Aufgabe nicht gerecht, wenn sie nicht diesem dringenden Verkehrsbedürfniss soweit angänglich Befriedigung schafft, sondern an überlebten Anschauungen festhaltend sich darauf beschränkt, die Abweichungen der verschiedenen positiven Rechte in Einzelheiten auszugleichen.

Die Haftung der Rheder für durch Verschulden ihrer Angestellten Dritten zugefügte Schäden entbehrt der rechtlichen Grundlage, erfüllt keine wirthschaftspolitischen Zwecke, hindert das Zustandekommen eines einheitlichen Rechtes auf diesem Gebiete und bereitet dem Geschäftsleben grosse nutzlose Schwierigkeiten, also fort mit ihr!

Diese Lösung lässt nur einen Punkt unbefriedigt, das ist die volle Haftung Derjenigen, die durch ihre eigene Handlung die Collision herbeigeführt haben. Diese Haftung besteht jetzt zweifellos nach allen positiven Rechten und nach dem allgemeinen Rechtsgrundsatze, dass Jeder für den Schaden, den er selbst Anderen durch sein Verschulden zufügt, aufkommen muss. Sie entspricht aber nicht der Billigkeit. Es widerstreitet dem allgemeinen Rechtsgefühl, dass ein Rheder, der sein Schiff selbst führt, schwerer für eine Collision zu haften hat, als ein anderer Rheder, der einen fremden Capitän für sein Schiff angenommen hat; dass ein Capitän, Seemann oder Lootse seines ganzen Vermögens beraubt werden kann, weil er durch sein Versehen eine Collision verursacht hat. Deshalb ist auch, soweit bekannt, nie die Haftung, wenigstens der letzteren Personen, in Anspruch genommen, und es ist fast in Vergessenheit gerathen, dass sie überhaupt besteht. Allerdings ist es aber, wenn auch nicht wahrscheinlich, so doch auch nicht ausgeschlossen, dass bei Fortfall der Haftung des Rheders wieder auf diese Haftung werde zurückgegriffen werden.

Der Grund, weshalb sich das Rechtsgefühl dagegen auflehnt, dass die an sich selbstverständliche Haftung für einen durch eigenes Verschulden verursachten Schaden auch in diesen Fällen zur Anwendung gelange, ist darin zu suchen, dass es sich hier nur um nautische Verschulden handelt, die, wenigstens meistens, mehr eine unrichtige Abschätzung und Beurtheilung der Sachlage, als eine schuldvolle Nachlässigkeit sind, und bei denen die Sühne ausser allem Verhältnisse zur Schwere der Verschuldung steht.

In der That sind in früheren Zeiten die durch nautische Verschulden verursachten Schiffsunfälle unter die »acts of God«, die »Gefahren der See« einbegriffen gewesen, wie dies auch aus dem oben erwähnten Recht der Haftung nur für dolus hervorgeht, wobei, den damaligen Verhältnissen entsprechend, davon ausgegangen war, dass der Rheder sein Schiff selbst führe. Eine Bedeutung haben die Verschuldungen dieser Art, wie schon oben erwähnt, erst erlangen können, nachdem durch die Vorschriften zur Verhütung von Collisionen positive Handhaben gegeben sind, auf Grund deren von einem Verschulden geredet werden konnte. Aber bald schon haben sich diese unbeabsichtigten Folgen der Collisionsverordnungen als sehr bedenkliche gezeigt. Die Haftung der Rheder steigerte sich ins Unerträgliche, so dass diese sich genöthigt sahen, sich wenigstens ihren Ladungsinteressenten gegenüber, wo ihnen das Vertragsverhältniss die Möglichkeit bot, von derselben zu befreien. Es kamen die Befreiungsclauseln in den Connossementen auf, die dann bald über das berechtigte Maass hinausgingen, und lebhafte Beschwerden seitens der Verlader hervorriefen. Zu Anfang der 80er Jahre des vorigen Jahrhunderts fanden wiederholte internationale Congresse statt, um einen Ausgleich der widerstreitenden Interessen herbeizuführen. Zwar gelang die Einführung eines einheitlichen Normal-Connossements nicht, aber die Ansichten klärten sich doch dahin, dass den Rhedern die Freizeichnung von nautischen Verschulden ihrer Angestellten, als der Billigkeit entsprechend, gestattet werden müsse. Diesem Standpunkte entsprechen auch die im Jahre 1886 von den Handelskammern und Rhedervereinen von Hamburg und Bremen empfohlenen Connossemente, und ebenso entspricht ihnen die im Jahre 1893 in den Vereinigten Staaten erlassene Harter Act. Die thatsächliche Sachlage ist gegenwärtig die, dass theils auf Grund dieses Gesetzes, theils auf Grund der allgemein eingeführten Connossementsclauseln die Haftung der Rheder ihren Ladungsinteressenten gegenüber für nautisches Verschulden ihrer Angestellten, und demgemäss auch eine Haftung der Angestellten für ihre derartigen Verschulden, nicht mehr besteht. Dass sie noch Dritten gegenüber besteht, ist lediglich die Folge davon, dass keine Möglichkeit vorhanden ist, sie im Vertragswege zu beseitigen. Das Rechtsgefühl der Betheiligten würde dem nicht entgegenstehen.

Die Beseitigung der Haftung auch für eigenes nautisches Verschulden würde den Geschädigten nicht benachtheiligen. Er bekommt nach wie vor seinen Schaden von seinem Versicherer ersetzt. Sie würde auch die Sicherheit der Schifffahrt nicht beeinträchtigen; denn wie oben gezeigt, bieten die Seeämter und die Strafgerichte einen ausreichenden Ansporn für die Capitäne, die äusserste Sorgfalt zur Vermeidung von Seeunfällen aufzuwenden, soweit ihr Pflichtgefühl noch eines solchen Anspornes bedürfen sollte. Für die Beseitigung spricht aber, ausser den erörterten Rücksichten der Billigkeit, die practische Erwägung, dass, wenn die Haftung häufiger in Anspruch genommen werden sollte, es bald schwer werden würde, tüchtige Capitäne und Lootsen zu finden, und dass nur Solche sich zu diesen Berufen bereit finden würden, die überhaupt nichts zu verlieren haben.

Wird aber die Haftung der Rheder für Verschulden ihrer Angestellten in aussercontractlichen Verhältnissen, und überhaupt die Haftung für nautisches Verschulden beseitigt, so fällt auch der Grund für die aus der germanischen Anschauung herrührende, mit unseren heutigen Rechtsbegriffen unvereinbare Beschränkung der Rhederhaftung fort. Sie ist beibehalten worden, weil bei dem bisherigen Umfange der Haftung die volle persönliche Haftung die Rhederei unmöglich machen würde. Mit der angegebenen Beschränkung der Haftung dem Umfange nach fällt das der Rhederei eigenthümliche Gefahrenmoment fort; sie kann in dieser Beziehung allen anderen Betrieben durchaus gleichgestellt werden. In der That wird auch wohl noch nie durch andere Ursachen, als nautisches Verschulden, ein Schaden, für den der Rheder zu haften hat, vorgekommen sein, der den Werth von Schiff und Fracht, oder von 8 oder 15 £ per ton des Schiffes überstiegen hätte. Demgemäss empfiehlt es sich auch, die Beschränkung der Haftung fallen zu lassen.

Es bleibt nur noch ein Punkt hinsichtlich der Rhederhaftung zu besprechen, der neuerdings zu lebhaften Erörterungen, namentlich in Assecuranzkreisen, geführt hat. Es ist oben erwähnt worden, dass die Rheder durch die immer weitergehende Inanspruchnahme für nautisches Verschulden ihrer Angestellten zur Einführung von Connossements - Clauseln veranlasst worden sind, durch die sie sich dann aber nicht nur von dieser Haftung, sondern mehr oder weniger von jeder Haftung für die zur Beförderung übernommene Waare befreit haben. Grade diese weitergehenden Befreiungsclauseln haben seiner Zeit die Erregung unter den Verladern hervorgerufen, ihnen sollte durch ein festzusetzendes Normal-Connossement entgegengetreten werden. Wie damals die Ansichten sich einerseits dahin geklärt haben, dass den Rhedern die Freizeichnung von nautischem Verschulden gestattet werden müsse, so haben sie sich auch andererseits dahin geklärt, dass es ihnen nicht gestattet werden könne, sich von ihrer Verpflichtung ordnungsmässiger Fürsorge für die Seetüchtigkeit, ordnungsmässige Ausrüstung, Bemannung und Verproviantirung der Schiffe, sowie für ordnungsmässige Empfangnahme, Stauung und Ablieferung der Ladung zu befreien. Missbräuchlichen Beschränkungen der Verpflichtungen der Rheder in diesen Beziehungen entgegenzuwirken, war der Hauptzweck der erwähnten Hamburg-Bremer Connossemente sowie der Harter Act, die in diesen Beziehungen übereinstimmende Grundsätze aufgestellt haben. Die Erregung der Verlader damals war begreiflich, denn sie waren verflichtet, ihren Versicherern gegen deren Ersatzleistung ihre Rechte an die Rheder zu cediren. Konnten sie das nicht, weil sie durch Annahme von Connossementen mit Befreiungsclauseln auf diese Rechte verzichtet hatten, so verloren sie den Anspruch an ihre Versicherer; andererseits konnten sie die Annahme solcher Connossemente nicht verweigern, wenn sie ihre Waaren befördert haben wollten. Die Assecuradeure sind damals den Verladern zu Hülfe gekommen, indem sie in ihren Bedingungen bestimmten, dass die Annahme von Connossementen mit gleichviel welchen Befreiungsclauseln seitens der Verlader der Versicherung nicht präjudiciren solle. Da in Folge der erwähnten Erörterungen, wenn dieselben auch zu keinem positiven Resultate führten, die Rheder sich doch hinsichtlich der Befreiungsclauseln eine gewisse Beschränkung auferlegten, so erwies sich diese Lösung als eine allseitig befriedigende. Neuerdings aber sind wiederum manche Rhedereien in dieser Beziehung weit über das berechtigte Maass hinausgegangen, und zwar so, dass die Assecuradeure zu der Ueberzeugung gelangt sind, dies nicht mehr ertragen zu können. In Versammlungen, welche im Herbst 1900 und 1901 in Paris stattgefunden haben, haben Vertretungen der Assecuradeure aller Länder in Aussicht genommen, das obenerwähnte Entgegenkommen gegenüber den Verladern dahin zu beschränken, dass die Annahme von Connossementen mit Befreiungsclauseln nur soweit der Versicherung nicht präjudiciren solle, als diese Clauseln sich in den von der Harter Act zugelassenen Grenzen halten. Würde dieser Plan von den Versicherern durchgeführt, so würden die Verlader ersichtlich in die bedenklichste Lage kommen. Bei der grossen Macht der mehr und mehr für die verschiedenen Verkehrsrichtungen cartellirten Rhedereien können sie sich nicht weigern, die von diesen eingeführten Connossemente anzunehmen, sie würden daher für viele Schäden weder durch ihre Versicherung gedeckt sein, noch von der Rhederei Ersatz verlangen können. Diese Schwierigkeit würde beseitigt werden, wenn durch eine internationale Gesetzgebung nach Art der Harter Act den Rhedern die Befugniss, sich in den angegebenen Beziehungen im Vertragswege von den ihnen obliegenden Verpflichtungen zu befreien, genommen würde. Allerdings ist jede Beschränkung der Vertragsfreiheit in privatrechtlichen Beziehungen unerwünscht und bedarf der grössten Vorsicht. Aber, wie auch die Hamburger Handelskammer in ihrem letzten Jahresbericht bei Besprechung dieser Angelegenheit hervorgehoben hat, ist die Vertragsfreiheit hier ein leerer Schatten, die Verlader sind nicht im Stande, hinsichtlich der Connossements-Bedingungen den Rhedern gegenüber ihre Wünsche zur Geltung zu bringen. In solchen Fällen ist ein Eingreifen der Gesetzgebung durchaus gerechtfertigt. Die Rheder werden sich über die fragliche Beschränkung nicht beschweren können, da sie dem entspricht, was die beiden bedeutendsten deutschen Rheder-Vertretungen in den Hamburg-Bremer Connossementen als billig und angänglich anerkannt haben, und was auf den deutschen subventionirten Linien (welche gemäss der nach den Subventions-Verträgen erforderlichen Genehmigung des Reichskanzlers diese Connossemente zur Anwendung bringen) sowie im Verkehr mit den Vereinigten Staaten auf Grund der Harter Act sich als unbedenklich erwiesen hat. Sie werden sich um so weniger darüber beschweren können, als ihnen nach den vorstehenden Vorschlägen durch die Beseitigung der Haftung für nautisches Verschulden ihrer Angestellten sowohl den Verladern als auch Dritten gegenüber ein voller Ausgleich für diese Beschränkung gewährt wird.

Eine Ausnahme von der unbedingten Haftung der Rheder für richtige Ablieferung der Waaren muss allerdings gemacht werden. Sie betrifft die Baraterie, die Beiseitebringung von Schiff und Ladung durch die Schiffsbesatzung, ein Verbrechen, das zwar, seitdem fast alle Theile der Erde dem regelmässigen Verkehr zugänglich geworden sind, sehr viel seltener und schwerer ausführbar geworden ist, das aber immerhin doch noch vorkommen kann. In solchen Fällen würde es unbillig sein, wenn der durch dasselbe Verbrechen seines Schiffes beraubte Rheder die Ladung ersetzen müsste. Die Baraterie wird daher dem nautischen Verschulden gleichzustellen sein.

Aus dem Vorstehenden ergeben sich die folgenden Vorschläge:

1. Das von der Commission des Comité maritime international aufgestellte Avant-projet de Code International sur l'Abordage, ist, weil einer gerechten und zweckmässigen Regelung der Frage der Haftung des Rheders entgegenstehend, abzulehnen.
2. Die Haftung des Rheders für Schäden, welche Dritten durch Verschulden seiner Angestellten zugefügt sind, richtet sich lediglich nach dem gemeinen Recht, wie es im § 831 des Bürgerlichen Gesetzbuches niedergelegt ist.
3. Für eigenes nautisches Verschulden findet eine Haftung nicht statt.
4. Aus dem Frachtvertrage haftet der Rheder nicht für nautisches Verschulden und für Baraterie (Beiseitebringung von Schiff und Ladung durch die Schiffsbesatzung). Er kann sich aber von seiner Haftung für Aufwendung ordnungsmässiger Sorgfalt für die Seetüchtigkeit, Ausrüstung, Bemannung und Proviantirung des Schiffes, sowie für ordnungsmässige Empfangnahme, Stauung und Ablieferung des Frachtgutes durch Vertrag nicht befreien. Diese Haftung ist unbeschränkt.

Die vorstehenden Ausführungen erheben nicht den Anspruch der Vollständigkeit; namentlich hat das fremde Recht nicht näher erörtert werden können. Sie würden ihren Zweck erreicht haben, wenn die Aufmerksamkeit der Juristen und der betheiligten Geschäftskreise sich den behandelten Fragen zuwendete und wenn insbesondere der Hamburger Congress des Comité maritime international sich von dem Gedanken losmachte, dass die beschränkte Haftung des Rheders für durch Verschulden seiner Angestellten Dritten zugefügte Schäden eine unumstössliche Forderung des Rechts sei und demgemäss beschlösse, die rechtliche und practische Begründung dieser Theorie einer gründlichen Prüfung zu unterziehen. Das Weitere wird sich dann schon von selbst ergeben.

Zeitfracht Medien GmbH
Ferdinand-Jühlke-Straße 7
99095 Erfurt, Deutschland
produktsicherheit@kolibri360.de